画说 电网安全生产 典型违章 100条

《画说电网安全生产典型违章 100 条》编委会　编

中国电力出版社
CHINA ELECTRIC POWER PRESS

U0655453

图书在版编目（CIP）数据

画说电网安全生产典型违章100条/《画说电网安全生产典型违章100条》编委会编. — 北京：中国电力出版社，2024.5
ISBN 978-7-5198-8904-3

Ⅰ.①画… Ⅱ.①画… Ⅲ.①电力工业－工业企业－安全生产－中国－普及读物 Ⅳ.① TM08-49

中国国家版本馆 CIP 数据核字（2024）第 096275 号

出版发行：中国电力出版社
地　　址：北京市东城区北京站西街 19 号
　　　　　（邮政编码 100005）
网　　址：http://www.cepp.sgcc.com.cn
责任编辑：马淑范（010-63412397）
责任校对：黄　蓓　张晨荻
装帧设计：赵姗姗
责任印制：杨晓东

印　　刷：三河市万龙印装有限公司
版　　次：2024 年 5 月第一版
印　　次：2024 年 5 月北京第一次印刷
开　　本：889 毫米 ×1194 毫米　48 开本
印　　张：3.125
字　　数：89 千字
定　　价：24.00 元

内 容 提 要

  《国家电网公司安全生产典型违章 100 条》是国家电网公司开展"安全生产反违章"活动的专业指导书,旨在帮助现场人员提高反违章意识,掌握规章制度,提高员工工作技能,更好地夯实安全生产基础。

  为帮助现场工作人员加深对《国家电网公司安全生产典型违章 100 条》的理解和记忆,本书采用有趣的漫画形式,讲解 100 条典型违章。主要内容分为五个部分,分别为行为违章、装置违章、管理违章、安全事故案例分析、电网作业现场注意事项。

  本书可作为电力行业从业人员以及相关专业人员的安全培训用书,也可供大中专院校相关专业师生参考。

本书编委会

前言

　　本书在"国家电网公司安全生产典型违章 100 条"的基础上，深刻理解《电力安全工作规程》原文并进行深度解读，通过漫画的形式对生产现场典型违章进行生动再现，为电力企业员工远离典型违章，学习好、理解好、执行好《电力安全工作规程》提供有效帮助。

　　本书在人物设计上重点突出一对师徒，师父细致严谨、一丝不苟，徒弟聪明伶俐却有些粗心大意，为防止徒弟违章，师父不厌其烦地对其进行安全教育。漫画还配以"师说"，对违章行为带来的危害以及如何正确开展工作进行了深度解读，实现专业性与趣味性的统一。

　　在编绘过程中，本书重点遵循并努力使其具有写实性和准确性，本书真实再现了电力生产场景，保证了漫画的真实和严谨。与此同时，在不违背现场基本要求的情况下，本书漫画对人物造型和情节作适当的夸张，并大量采用拟人等手法，增强漫画的生动性。

人物介绍

师父

冷冰，高冷型男，为人正直，曾荣获国网公司安全生产突出贡献奖。

师父：冷冰

徒弟

李悠，名校毕业生，似水柔情才女，有点儿娇气，有点儿骄傲，有点儿小粗心。

徒弟：李悠

目 录

1 进入作业现场未按规定正确佩戴安全帽。

师说

在佩戴安全帽前，应调整好松紧大小，检查安全帽的帽衬和帽壳是否连接良好。要将安全帽戴正，并拴紧下颚带，女员工必须将头发放进帽衬。

2 进入工作现场，未正确着装。

师说

作业人员进入施工现场应正确佩戴安全帽，穿工作鞋和工作服。从事机械作业的女职工及长发者应配备工作帽。从事防水、防腐和油漆作业的施工人员应配备防毒面罩、防护手套和防护眼镜等。

3

从事高处作业未按规定正确使用安全带等高处防坠用品或装置。

安全带系好，要高挂低用！

师说

在距地面 1.5 米及以上的高处作业都应使用安全带，在架构、主变压器、杆塔及其他高处作业而又有换位的工作，不但应使用安全带还应使用安全绳。

4 作业现场未按要求设置围栏；作业人员擅自穿、跨越安全围栏或超越安全警戒线。

师说

　　安装安全围栏的作用是限制工作人员的活动范围，防止无关人员误入以及工作人员在工作中对带电设备的危险接近。检修、试验、调整及校验等的工作范围大于 0.7 米时，现场也应设置临时安全围栏。

5 不按规定使用操作票进行倒闸操作。

> 是的，必须这样操作才保险。

> 师傅，必须要对照操作票一条条操作吗？好麻烦！

师说

操作票是防止误操作（误拉、误合、带负荷拉、合隔离开关、带地线合闸等）的主要措施。操作票的内容包括操作票编号、操作任务、操作顺序、发令人、受令人、操作人、监护人、操作时间等。

6 **不按规定使用工作票进行工作。**

师说

　　工作票是准许在电气设备及系统软件上工作的书面命令，也是执行保证安全技术措施的书面依据。工作票是安全施工的保障，一定要按照规定使用工作票进行工作。

7 现场倒闸操作不戴绝缘手套，雷雨天气巡视或操作室外高压设备不穿绝缘靴。

师说

高压操作应戴绝缘手套，室外操作应穿绝缘靴，戴绝缘手套；如遇雨、雪、大雾天气在室内外工作，禁止操作无特殊装置的绝缘棒及绝缘钳，雷电时禁止工作。

8

约时停、送电。

师说

约时停、送电就是按照约定的时间进行停电和送电的操作。约时停送电会造成不能依照责任对各个环节进行把关，还有可能导致人身事故，因而是一种危害很大的违章作业形式。

9 擅自解锁进行倒闸操作。

师说

　　电气设备分为运行、备用（冷备用及热备用）、检修三种状态。将设备由一种状态转变为另一种状态的过程叫倒闸，所进行的操作叫倒闸操作。为防止误操作，高压电气设备都加装有防误操作的闭锁装置。当发现电气闭锁装置动作时，首先应停止操作，冷静分析，并报告值班负责人。千万不要擅自解锁进行倒闸操作。

10 防误闭锁装置钥匙未按规定使用。

师说

  防误闭锁装置的解锁钥匙应放在专用的盒柜内保管，不得与其他钥匙混放，要放在固定方便存取的地方，按值移交；运行人员或操作人员严禁擅自使用解锁钥匙；解锁钥匙使用后要及时封存。

11 调度命令拖延执行或执行不力。

师说

　　调度值班员下达的调度命令，值班人员必须立即执行。如值班人员不执行、延迟执行或变相执行调度命令，均视为不执行调度命令。不执行调度命令的值班人员和允许不执行调度命令的领导人均应对不执行调度命令所造成的后果负责。

12

专责监护人不认真履行监护职责，从事与监护无关的工作。

监护人不管事，万一操作失误怎么办？

新拍的这部电影真好看，我要再看一遍。

师说

专责监护人的安全责任重大，要明确被监护人员和监护范围。监护人要在工作前向被监护人员交代安全措施，告知危险点和安全注意事项。要监督被监护人员遵守本规程和现场安全措施，及时纠正不安全行为。没有监护人的指令，操作人不得擅自操作。监护人不得放弃监护工作，而自行操作设备。

13 倒闸操作前不核对设备名称、编号、位置，不执行监护复诵制度或操作时漏项、跳项。

师说

　　倒闸操作前，应先核对设备的名称、编号和位置，并检查断路器、隔离开关、自动开关、刀开关的通断位置与工作票所写的是否相符。操作中，应认真执行复诵制、监护制，发布操作命令和复诵操作命令都应严肃认真，声音洪亮、清晰，必须按操作票填写的顺序逐项操作、逐项打勾，不得漏项操作，严禁跳项操作。

14 倒闸操作中不按规定检查设备实际位置，不确认设备操作到位情况。

喂，只操作了一半，你们不能走！

师说

在接到倒闸操作任务后，值班负责人应根据倒闸操作的性质安排值班员操作，对于较为复杂的操作应尽量安排有一定经验、水平的值班员担任监护人。操作前按规定检查设备实际位置，操作结束后，按规定对操作的项目进行检查，如检查一次设备操作是否到位，三相位置是否相符，连接片是否正常等。

15 停电作业装设接地线前不验电，装设的接地线不符合规定，不按规定和顺序装拆接地线。

师说

　　停电作业装设接地线可以使作业地点始终在"地电位"的保护之中，同时还可以将停电设备上的电荷放掉。另外，当电源侧误送电的时候，可以形成短路使保护装置动作，迅速跳开开关切断电源。停电作业接地线是保证作业人员免遭触电伤害的最直接的保护措施，一定要规定装设接地线。

16 漏挂（拆）、错挂（拆）标示牌。

师说

　　禁止类标示牌应悬挂在"一经合闸即可送电到施工设备或施工线路的断路器和隔离开关的操作手柄上"。警告类标示牌悬挂在以下场所：①禁止通行的过道上或门上；②临近工作地点带电设备的围栏上；③在室外架构上工作时，挂在工作地点临近带电设备上的横梁上；④已装设的临时遮栏上；⑤进行高压试验的地点附近。准许类标示牌悬挂在以下场所：①室外和室内工作地点或施工设备上；②工作人员上、下的铁架或固定扶梯上。提醒类标示牌悬挂在"已装设临时接地线的隔离开关操作手柄上"。

17 工作票、操作票、作业卡不按规定签名。

师说

　　工作票中工作负责人、工作票签发人签名必须用钢笔或签字笔手书填写，字迹清楚，不得任意涂改。操作票应由操作人填写，监护人和电气值班长认真审核后分别签名。"工作班人员"栏的填写以工作班成员姓名填满为止，若不够填时，应把各小组的负责人姓名全部填入，共有人数不包括工作负责人。若有临时工或外包工应一起写入，并在括号中注明其管理单位。

18

开工前，工作负责人未向全体工作班成员宣读工作票，不明确工作范围和带电部位，安全措施不交代或交代不清，盲目开工。

> 这不符合规定啊！万一出事故怎么办？

> 大家都是老革命了，我就不念工票了，开工吧！

师说

工作开工前，工作负责人必须对工作班成员交代工作任务及本工作的危险点、安全措施和注意事项，督促所有工作班成员在工作票相应栏内确认签名；结合实际对工作班成员进行安全思想教育；正确、安全地组织工作，对工作人员给予必要指导。

19 工作许可人未按工作票所列安全措施及现场条件，布置完善工作现场安全措施。

师说

工作许可人负责审查工作票所列安全措施是否正确完备，是否符合现场条件；工作现场的安全措施是否完善；负责检查停电设备有无突然来电的危险；对工作票中所列的内容即使发生很小的疑问，也必须向工作票签发人询问清楚，必要时应要求做详细补充。

20 作业人员擅自扩大工作范围、工作内容或擅自改变已设置的安全措施。

师说

　　工作负责人要督促、监护工作班成员遵守《安规》，正确使用劳动防护用品和执行现场安全措施。严禁发生作业人员擅自扩大工作范围和工作内容等违章行为。

21 工作负责人在工作票所列安全措施未全部实施前允许工作人员作业。

师说

工作负责人应向组织工作班成员将工作票所列所有安全措施实施到位，并始终在工作现场，对工作班成员的安全认真监护，及时纠正施工过程中违反安全的动作。

22 工作班成员还在工作或还未完全撤离工作现场，工作负责人就办理工作终结手续。

师说

全部工作完毕后，工作负责人应先周密地检查，待全体工作人员撤离工作地点后，再向运行人员交代所修项目、发现的问题、试验结果和存在的问题等，并与运行人员共同检查设备状态，有无遗留物件，是否清洁等，然后在工作票上填写工作结束时间。经双方签名后，表示工作终结。

23

工作负责人、工作许可人不按规定办理工作许可和终结手续。

> 作业人都是老手，不用我们费心，等他们干完了，咱们把工作许可、终结填上，就完事了。

师说

工作前工作许可人会同工作负责人到现场检查安全措施，并向工作人员做好"五交代"，双方确认无误后，分别在工作票上签名并记入许可开工时间。双方各持一份工作票，作为允许开工的凭证。工作全部完成后，工作负责人应对现场先做周密的检查，撤离全体工作人员，并会同工作许可人共同对设备状况，现场清洁卫生以及有无遗留物体等进行检查，然后双方在工作票上签字，表示工作终结。

24 检修完毕，在封闭风洞盖板、风洞门、压力钢管、蜗壳、尾水管和压力容器人孔前，未清点人数和工具，未检查确无人员和物件遗留。

师说

检修工作完毕，要检查现场是否已清理、悬挂标示牌是否已拆除、接地线是否已经拆除，人员是否已撤离、风洞盖板、压力钢管、蜗壳、尾水管和压力容器内等工作场地是否有物件遗留。

25

不按规定使用合格的安全工器具、使用未经检验合格或超过检测周期的安全工器具进行作业（操作）。

师说

　　安全工器具对作业人员既起到了预警、预防和保护的作用，也起到了良好的监护作用，但这些作用和效能的发挥必须以正确使用为前提和基础，如果违章操作、违规使用，不但会威胁人身安全，造成安全工器具的损坏，而且会导致设备和电网事故的发生。因此，在日常生产工作中必须严格按照规程规定、操作流程和使用方法正确使用安全工器具。

26 不使用或未正确使用劳动保护用品,如使用砂轮、车床不戴护目眼镜,使用钻床等旋转机具时戴手套等。

忘记戴眼镜了,凑合着干吧!

师说　　　　使用劳动保护用品,通过采取阻隔、封闭、吸收、分散、悬浮等措施,能起到保护机体的局或全部免受外来侵害的作用,在一定条件下,使用个人防护用品是主要的防护措施。工种不同,劳动保护用品也不同。常见的有:工作服、手套、安全帽、口罩、手套、防护眼镜等。

27 巡视或检修作业，工作人员或机具与带电体不能保持规定的安全距离。

师说

　　《安规》中规定了三种安全距离，第一种是设备不停电时的安全距离，第二种是工作人员工作中正常活动范围内和带电设备的安全距离，第三种是地电位带电作业时，人身与带电体的安全距离。工作人员对这三种安全距离要牢记在心，并严格执行，不可存侥幸心理。

28 在开关机构上进行检修、解体等工作，未拉开相关动力电源。

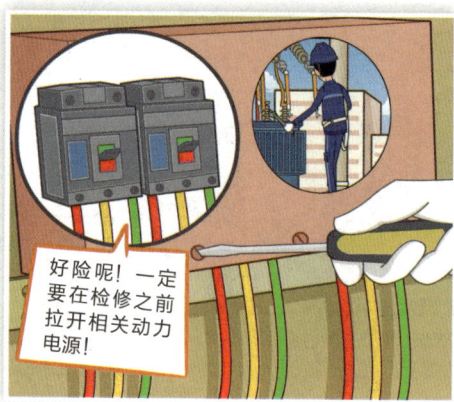

好险呢！一定要在检修之前拉开相关动力电源！

师说

　　在开关机构上进行检修、解体工作时，如果相关动力电源未拉开，容易造成开关机械机构动作（如弹簧机构），对检修人员造成损伤。所以检修开关前应断开开关动作电源，并释放开关弹簧能量。

29 将运行中转动设备的防护罩打开；将手伸入运行中转动设备的遮栏内；戴手套或用抹布对转动部分进行清扫或进行其他工作。

师说

机械设备运转过程中，如将手、脚和身体的任何部位伸入正在运行的设备中进行作业或戴手套触摸转动部分或进行其他的工作，都会造成机械伤害。

30 在带电设备周围使用钢卷尺、皮卷尺和线尺（夹有金属丝者）进行测量工作。

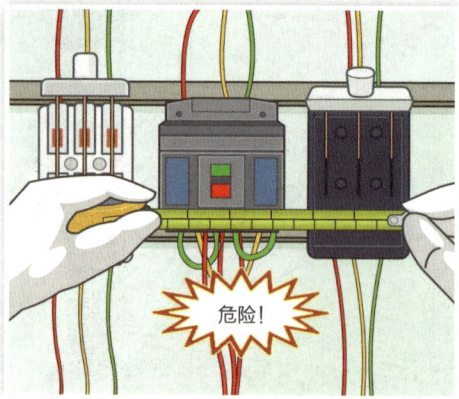

危险！

师说

钢卷尺导电，而皮卷尺和线尺一般都较长，且有的内部装有金属丝，测量时中间不稳定，易被风吹移位。如果碰到带电设备，其后果不堪设想。因此，在带电设备周围进行测量工作应该使用绝缘尺。

31 　　在带电设备附近使用金属梯子进行作业；在户外变电站和高压室内不按规定使用和搬运梯子、管子等长物。

当心，上面有电！

师说

　　在带电设备附近作业时，要使用绝缘梯。在户外变电站和高压室内搬动梯子、管子等长物，应两人放倒搬运，并与带电部分保持足够的安全距离。

31

32 进行高压试验时不装设遮拦或围栏，加压过程不进行监护和呼唱，变更接线或试验结束时未将升压设备的高压部分放电、短路接地。

师说

高压试验应填用变电站第一种工作票；试验现场应装设遮栏或围栏，遮栏或围栏与试验设备高压部分应有足够的安全距离，向外悬挂"止步，高压危险"标示牌，并派人看守；加压过程中要进行监护和呼唱；在变更接线或试验结束时，将升压设备的高压部分放电、短路接地。

33 在电容器上检修时，未将电容器放电并接地或电缆试验结束，未对被试电缆进行充分放电。

先别动手，还未放电！

师说

在电容器上检修时必须将电容器逐个放电。放电后接地；电缆试验结束，应对被试电缆进行充分放电，并在被试电缆上加装临时接地线，待电缆尾线接通后才可拆除。

34

继电保护进行开关传动试验未通知运行人员、现场检修人员。

师说

继电保护装置、安全自动装置及自动化监控系统做传动试验或一次通电时，应通知运行人员和有关人员，并由运行人员到现场监视，方可进行。

35 在继保屏上作业时，运行设备与检修设备无明显标志隔开，或在保护盘上或附近进行振动较大的工作时，未采取防掉闸的安全措施。

师说

在继保屏上作业时，运行设备与检修设备要用红布帘或封条等方式将其明显隔开；在保护屏上或附近进行振动较大的工作时，应采取防止运行中设备掉闸的措施，必要时经值班调度员或值班负责人同意，将保护暂时停用。

36 跨越运转中输煤机、卷扬机牵引用的钢丝绳。

师说

作业中，任何人不得跨越钢丝绳，物体（物件）提升后，操作人员不得离开卷扬机。休息时物件或吊笼应降至地面。

37 吊车起吊前未鸣笛示警或起重工作无专人指挥。

师说

　　吊车在起吊前，无论周围是否有人，都要鸣笛示警；在起重作业时，应由专人统一指挥；在高压输电线附近作业应安排专人监看，禁止越过电线吊拉。

38 在带电设备附近进行吊装作业，安全距离不够且未采取有效措施。

师说

用起重设备吊装部件时，吊车本体接地必须良好，吊杆与带电部分必须保持足够的安全距离。现场作业时还应安排专人监看。

39 在起吊或牵引过程中，受力钢丝绳的周围、上下方、内角侧和起吊物下面，有人逗留和通过。吊运重物时从人头顶通过或吊臂下站人。

师说

在起吊牵引过程中，受力钢丝绳的周围、上下方、内角侧和起吊物的下方，严禁有人停留和通过，在吊运重物时严禁从人头顶通过或吊臂下站人，以防发生人身伤亡事故。

40 龙门吊、塔吊拆卸（安装）过程中未严格按照规定程序执行。

师说

　　为正确实施龙门吊、塔吊的拆卸（安装），应组织相关人员熟读使用安全说明书，塔吊的安装。拆卸应遵循程序规定；龙门吊或塔吊前后臂端距离高压线不得小于 5 米，多台塔吊协作时候，相邻塔吊的前后臂端距离高度不得小于 2 米。

41

在高处平台、孔洞边缘倚坐或跨越栏杆。

师说

在高处平台、孔洞边缘倚坐或跨越栏杆。可能产生高空坠落事故。

42 高处作业不按规定搭设或使用脚手架。

师说

高度在 2 ~ 5 米，称为一级高空作业；高度在 5 ~ 15 米，称为二级高空作业；高度在 15 ~ 30 米，称为三级高空作业；高度在 30 米以上时，称为特高级（四级）高空作业。为保证安全，高空作业必须按照规定搭设或使用脚手架。

43 擅自拆除孔洞盖板、栏杆、隔离层或因工作需要拆除附属设施时不设明显标志并及时恢复。

师说

　　隔离层、孔洞盖板、栏杆、安全网等安全防护设施严禁任意拆除；必须拆除时，应征得原搭设单位的同意，在工作完毕后立即恢复原状并经原搭设单位验收；严禁乱动非工作范围内的设备、机具及安全设施。

44 进入蜗壳和尾水管未设防坠器和专人监护。

44

师说

　　进入引水洞、蜗壳、尾水管等相对受限场所以及地下厂房等空气流动性差的场所作业，必须事先进行通风，并测量氧气、一氧化碳等气体的含量，确认不会发生缺氧、中毒方可作业。作业时必须在外部设有监护人，随时与进入内部的人员保持联系。进出人员应登记。

45 凭借栏杆、脚手架、瓷件等起吊物件。

师说

　　严禁以运行的设备、管道以及脚手架、平台等作为起吊重物的承力点。利用构筑物或设备的构件作为起吊重物的承力结构时，应经核算。利用构筑物时，还应征得原设计单位的同意。

46 高处作业人员随手上下抛掷器具、材料。

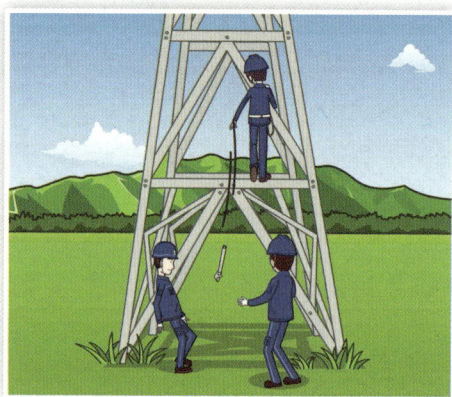

师说

　　传递物品或工具必须用绳索或手递，严禁抛掷行为。高处作业场所附近有带电体时，传递物件的绳索必须是干燥的尼龙绳或麻绳，测量时，必须遵守带电作业的有关规定。

47 在行人道口或人口密集区从事高处作业，工作地点的下面不设围栏、未设专人看守或其他安全措施。

师说

在行人道口或人口密集区从事高处作业，工作点下工作，试验现场应装设遮栏或围栏，并在路口设专人持信号旗看守。

48

在梯子上作业，无人扶梯子或梯子架设在不稳定的支持物上，或梯子无防滑措施。

师说

施工人员在梯子上操作时，需要有人扶梯，防止梯子摇晃、打滑；上下梯子不能携带笨重的工具和器材；使用梯子要做好防滑措施，竹梯下部应绑扎防滑和绝缘橡皮；使用铝合金绝缘人字梯时，立梯角度以 75 度 ±5 度为宜。

49 不具备带电作业资格人员进行带电作业。

师父辛苦了，最后一点活儿，我帮您干吧！

李悠，快下来，你还没有带电作业的资格！

师说

带电作业人员应在带电作业培训中心进行理论和实际操作培训，考试合格，取得输、配电带电作业资格证书，并经本单位总工或分管领导批准后，才能从事相应带电作业工作。

50 登杆前不核对线路名称、杆号、色标。

师说

　　登杆前要检查自己的登杆工作，核对并确认"三号"，即杆号、线路编号和线路名称。而且工作人员从登杆前的准备工作直到工作结束，都必须在监护人的监控之下进行。不可以独自操作。

51 登杆前不检查基础、杆根、爬梯和拉线是否正常。

师说

登杆前仔细检查，如果发现有冲刷、起土、上拔和导线、拉线松弛的电杆，应采取安全措施。同时，检查基础杆塔脚钉是否完整、牢固。

52 组立杆塔、撤杆、撤线或紧线前，未按规定采取防倒杆塔措施或采取突然剪断导线、地线、拉线等方法撤杆撤线。

师说

组立杆塔、撤杆、撤线或紧线前，应设专人统一指挥，做好防倒杆措施。坚决杜绝突然剪断导线、地线、拉线等方法撤杆、撤线。

53 动火作业不按规定办理或执行动火工作票。

53

师说

　　因施工等特殊情况需要使用明火作业的，应当按照规定事先办理动火工作票。动火工作票应详细说明动火作业范围、确定危害和评估风险并制定相应防范措施。

54 　特种作业人员不持证上岗或非特种作业人员进行特种作业。

师说

　　特种作业人员必须按照国家有关规定经专门的安全作业培训，取得特种操作资格证书，方可上岗作业。特种作业人员的考核由有关主管部门负责组织，对考核合格的，颁发特种操作资格证书。未经专门安全培训并取得特种操作资格证书而上岗作业的，将依法给予行政处罚。

55 　　未履行有关手续即对有压力、带电、充油的容器及管道施焊。

55

师说

　　在特殊情况下需要对有压力、带电或者充油的容器及管道内实施焊接时，应采取安全措施并经本单位主管生产的领导批准。

56 在易燃物品及重要设备上方进行焊接，下方无监护人，未采取防火等安全措施。

在易燃物品和重要设备上方进行焊接工作时，应严格遵守动火审批制度，要由专人看守，并准备好灭火器材。

师说

57 易燃、易爆物品或各种气瓶不按规定储运、存放、使用。

师说

易燃易爆物品或各种气瓶的运输需要轻装轻卸，严禁抛、滑、滚、碰，无保护帽、防震圈的气瓶不得搬运或装车。易燃易爆压缩气瓶一定要分类储存，不同性质的易燃易爆压缩气瓶存放时要采取不同的措施，氧气瓶和乙炔气瓶存放时应保持 10 米以上的距离。

58 水上作业不采取救生措施。

师说

现场水上作业人员必须在作业时穿好救生衣，在作业前应对救生衣进行检查，确认其安全有效。

59 无证驾驶、酒后驾驶。

师说

无证驾驶和酒后驾驶都是违法行为。在中国，酒后驾驶被列为车祸致死的主要原因，是交通事故的第一"杀手"。

60 值班期间脱岗。

师说

　　值班期间一定要正确履行值班责任，不可随意脱离值班岗位。如有事需要离开，一定要按规定请假并得到主管领导的批准。

61 高低压线路对地、对建筑物等安全距离不够。

师说

电压导线边线在计算导线最大风偏情况下，距建筑物的水平安全距离 66 ~ 110 千伏为 40 米。高压线与住宅楼应距离 20 米以上。如将高压线移到地下，高压电缆外皮到地面深度不得小于 0.7 米，位于车行道和耕地下，不得小于 1 米。1 千伏以下安全距离为 4 米；1 ~ 10 千伏安全距离为 6 米；35 ~ 110 千伏安全距离为 8 米；154 ~ 220 千伏安全距离为 10 米；350 ~ 500 千伏安全距离为 15 米。

62

高压配电装置带电部分对地距离不能满足规程规定且未采取措施。

电气安全距离是指人体、物体等接近带电体而不发生危险的安全可靠距离，如带电体与地面 之间，带电体与带电体之间、带电体与人体之间、带电体与其他设施和设备之间，均应保持一定的距离。

师说

63 待用间隔未纳入调度管辖范围。

师说

待用间隔是指母线连接排、引线已接上母线的备用间隔，应该写清楚名称、编号，并列入调度管辖范围。

64 电力设备拆除后，仍留有带电部分未处理。

师说

电力设备拆除后，不得留有带电部分。以免造成触电事故。

65 变电站无安防措施。

师说

变电站电压等级越高，供电范围越大，地位越重要。天气、人为破坏，操作失误、设备本身、电磁干扰、大地等其他因素，都是影响变电站安全的因素，一定要做好安防措施，实现变电站的风险可防、可控。安全第一的思想贯穿于工作的各个环节、各个方面。

66 　　易燃易爆区、重点防火区内的防火设施不全或不符合规定要求。

师说

　　变电站应配备的消防器材有干粉灭火器（灭火手推车），二氧化碳灭火器，1211灭火器，泡沫灭火器，消防栓，消防水龙带，消防砂及砂箱，消防桶，消防锹，消防斧等。

67 深沟、深坑四周无安全警戒线，夜间无警告红灯。

师说

　　在人口密集区从事挖深沟、深坑等作业，四周必须设置安全警戒线，夜间需设置警告指示红灯。否则容易发生人身伤害事故。

68 电气设备无安全警示标志或未根据有关规程设置固定遮（围）栏。

师说

常见的安全标志有四种，红、黄、蓝、绿分别指禁止、警告、指令、提示。在电气设备旁边，一定要设立安全警示标志，或者按照有关规定设置固定围栏。

69 开关设备无双重名称。

师说

　　电力系统(发电厂和变电所)对设备实行双重(名称 + 编号)编号,是为了强化安全管理,防止误操作事故。电力系统倒闸操作票规定必须填写双重编号,在现场操作时要核对双重编号,这样就大大地降低了"跑错间隔","误拉误合"的概率。

70

线路杆塔无线路名称和杆号，或名称和杆号不唯一、不正确、不清晰。

师说

线路杆塔须安装统一规格的线路杆号牌，每一个线路杆塔都有明确的名称杆号，线路名称和杆号在配网调度区域范围内保证唯一性，不得出现错误和重复，而且要尽量避免名称读音出现近似或谐音的情况。

71 线路接地电阻不合格或架空地线未对地导通。

师说

接地电阻是指接地体散流电阻、接地引下线电阻和接触电阻的总和。其作用是确保雷电可靠泄入大地，保护线路设备绝缘，减少线路雷击跳闸率。杆塔接地装置是架空输电线路的主要防雷措施，在运行中，要确保线路接地电阻合格和架空地线对地面的导通，提高运行可靠性和避免跨步电压产生的人身伤害。

72 平行或同杆架设多回路线路无色标。

没有色标，怎么办？

师说

　　平行线路或者同杆架设多回路线路中，每基杆塔都应涂刷不同回路识别色标，涂刷部分为整个导线横担。多回路的分支或 T 接线路回路色标应与多回路杆塔上的回路色标一致。

73 在绝缘配电线路上未按规定设置验电接地环。

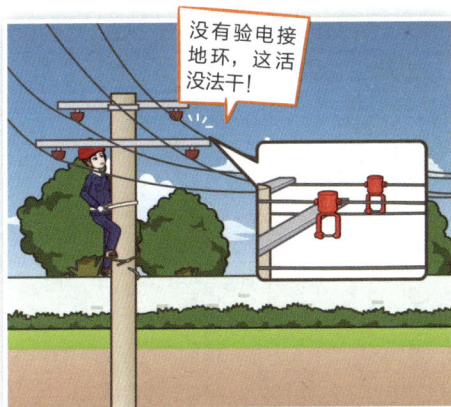

师说

　　城市配网的中低压线路一般都采用架空绝缘线铺设，而在检修线路或者设备时，为了保证检修人员的安全，需要验明线路无电后挂设接地保护线，这就要求在挂接地时接地线夹与电线必须可靠接触，而绝缘线是没办法挂的，所以在绝缘配电线路上一定要按规定设置验电接地环。

74 防误闭锁装置不全或不具备"五防"功能。

五防都没有?

师说

　　高压电气设备都应安装完善的防误操作闭锁装置。防误操作闭锁装置包括微机防误、电气闭锁、电磁闭锁、机械闭锁、机械程序锁、机械锁、带电显示装置等。防误闭锁装置具有"五防"功能:防止误分、误合断路器;防止带负荷拉、合隔离开关;防止带电(挂)合接地线(开关);防止带接地线(开关)合断路器(隔离开关);防止误入带电间隔。

75 机械设备转动部分无防护罩。

师说

　　机械的转动部分应装有防护罩或其他防护装置（如栅栏等），露出的轴端必须设有护盖，以防绞卷衣服。禁止在机器转运时，从联轴器（靠背轮）如齿轮上取下防护罩或其他防护设备。

76 电气设备外壳无接地或接地损坏。

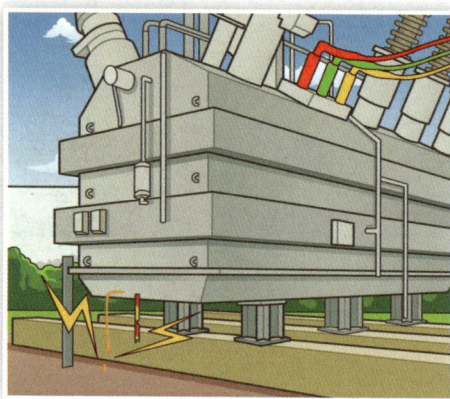

师说

所有电气设备的金属外壳均应有良好的接地装置。使用中不准将接地装置拆除或对其进行任何工作。

77 临时电源无漏电保护器。

师说

　　临时用电安全管理规定，临时用电设备、临时建筑内的电源插座应安装漏电保护器，移动工具、手持工具应做到一机一闸一保护，严禁两台或两台以上用电设备（含插座）使用同一开关。

78 起重机械，如绞磨、汽车吊、卷扬机等无制动和逆止装置，或制动装置失灵、不灵敏。

所有电气设备的金属外壳均应有良好的接地装置。使用中不准将接地装置拆除或对其进行任何工作。

师说

79 安全第一责任人不按规定主管安全监督机构。

师说

　　各级领导在所属职责范围内，是安全第一责任人。安全第一责任人要按规定建立、健全安全管理组织机构，主管安全监督机构。

80 安全第一责任人不按规定主持召开安全分析会。

师说

主持召开公司安全管理专题会议，安全分析会议，及时通报公司安全生产工作情况和有关生产的重大问题。

81 未明确和落实各级人员安全生产岗位职责。

师说

　　建立健全安全管理责任制，包括单位领导职责、各部门领导职责、班组长职责和员工岗位职责。

82 未按规定设置安全监督机构和配置安全员。

太热了，不戴安全帽了！

不行！

师说

建立、健全安全管理组织机构，配备公司安全管理专业人员，提高安全管理人员的专业素质。

83

未按规定落实安全生产措施、计划、资金。

师说

　　按规定建立健全安全生产措施、安全设施设备投入保障机制，按有关规定落实安全生产计划，确保资金投入。

84

未按规定配置现场安全防护装置、安全工器具和个人防护用品。

师说

设备安全防护装置必须始终处于正常工作状况，任何人无权擅自拆除设备安全防护装置。按规定为从事作业人员提供必要的安全工器具和个人防护用品。

85 设备变更后相应的规程、制度、资料未及时更新。

师说

　　设备变更后，在正式投运以前，生产维修部门会同变电运行部门应按设备变更实际情况及时更新相关的规程、制度和资料。

86

现场规程没有每年进行一次复查、修订，并书面通知有关人员。

师说

现场规程制度复查、修订的周期为每年一次，全面修订、审定后印发相关单位并书面通知有关人员。

87 新入厂的生产人员，未组织三级安全教育或员工未按规定组织《安规》考试。

师说

新参加工作生产人员，应经过安全知识教育后，方可下现场参加指定工作，并且不得单独工作。

88 特种作业人员上岗前未经过规定的专业培训。

特种作业人员必须按照国家有关规定，经专门的安全作业培训，取得特种作业操作证后，方可上岗作业。

师说

89

没有每年公布工作票签发人、工作负责人、工作许可人、有权单独巡视高压设备人员名单。

师说

　　工作票签发人、工作负责人、工作许可人和有权单独巡视高压设备人员名单，每年需报安质部门进行资格审查，由公司统一组织培训，考试考核合格后，经分管领导批准后，以正式文件形式公布确认。

90 对事故未按照"四不放过"原则进行调查处理。

师说

　　事故"四不放过"原则是指在调查处理工伤事故时，事故原因未查清不放过，事故责任人未受到处理不放过，事故责任人和相关人员没有受到教育不放过，未采取防范措施不放过。事故处理的"四不放过"原则是要求对安全生产事故必面进行严肃认真的调查处理，防止同类事故重复发生。

91 对违章不制止、不考核。

师说

  在施工过程中，任何人都有权力制止违章行为、拒绝违章指挥和冒险作业，对存在的事故隐患有权向上级主管部门举报。管理部门还要对安全违章行为进行分级分类考核。

92 对排查出的安全隐患未制定整改计划或未落实整改治理措施。

师说　对于排查出的安全隐患，要坚持"严、细、实、快"原则，对排查出的问题进行立即整改，并对有关隐患及其整改情况逐一登记，切实做到安全隐患检查到位，各类隐患和问题整改治理到位。

93 设计、采购、施工、验收未执行有关规定，造成设备装置性缺陷。

我只有一点小毛病，求您高抬贵手，让我过关吧！

师说

在工程勘察设计、招标采购、施工安装、竣工验收等各个阶段都要执行有关规定，以免造成设备装置性缺陷。

94 未按要求进行现场勘察或勘察不认真、无勘察记录。

这地方来过好多次了，随便勘察一下就行。

明天开始施工了，要好好勘察才行呀！

师说

工作票签发人或工作负责人认为有必要现场勘察的检修作业，施工、检修单位均应根据工作任务组织现场勘察，并填写现场勘察记录。

95 不落实电网运行方式安排和调度计划。

师说

电网运行方式安排和调度计划，是保证电网连续、稳定、正常运行，实现优化调度、节能调度，最大限度满足客户用电需求的保障，一定要认真落实电网运行方式安排和调度计划，且不可随意更改。

96 违章指挥或干预值班调度、运行人员操作。

值班调、运行人员操作要认真执行"两票三制"，任何单位和个人不得违反规定 干预调度值班人员发布或执行调度指令，调度值班人员依法执行公务，有权拒绝各种非法干预。

师说

97 安排或默许无票作业、无票操作。

师说

　　违反规程规定安排或者默许无票作业、无票操作，将引发事故发生。要切实落实安全责任，严格票据使用管理，杜绝无票作业、无票操作行为。

98 大型施工或危险性较大作业期间管理人员未到岗到位。

对于大型施工或危险性较大的作业，要依据《电力安全工作规程》及工程建设特点，编制相关安全管理制度。安全管理人员按照相关规定，全程旁站监督，发现违章作业、不安全因素发生，要及时与指挥人员沟通，不得违章指挥；对作业现场出现意外、事故等情况，现场旁站监理人员要根据应急预案及时反应。

师说

99 对承包方未进行资质审查或违规进行工程发包。

师说

　　对承包方未进行安全资质审查，承包方和发包方都将承担极大的安全风险。《国家电网公司基建安全管理规定》第70条明确规定：施工企业是分包安全管理工作的责任主体，就建立分包资质审查，现场准入、教育培训、动态考核，诚信评价等分包管理制度。建立年度分包商名册，对分包商及其人员实施全过程动态管理。

100 承发包工程未依法签订安全协议，未明确双方应承担的安全责任。

明天就要开工了，您承包的工程还未签订安全协议。

还签什么协议，咱们都是老熟人了，你还不放心我？

师说

当发包方将电力工程项目发包承包方，根据"安全第一，预防为主"的电力安全生产方针，结合国家有关法律法规及国家电力公司和地方有关工程承包安全管理的规定，发包方与承包方为确保施工安全和工程质量，在协商一致的基础上，必须签订安全管理责任协议。

101 现场操作不戴绝缘手套。

2010 年 10 月 14 日，某供电公司带电除缺过程中，作业人员王某擅自摘下绝缘手套作业，左手拿着螺母靠近中相立铁（接地体），举起右手时，与遮蔽不严的放电线夹（带电体）放电，造成 1 人死亡。

师说

（1）带电作业过程中，王某不使用绝缘手套，以致作业时失去基本人身安全防护。

（2）在带电体（放电线夹带电部分）与接地体（中相立铁）间形成放电回路，是导致触电的直接原因，暴露出工作前危险点分析不到位，未采取有效防范措施等安全问题。

（3）工作负责人未履行相应安全职责，对工作班成员摘下绝缘手套的违章行为没有及时制止，对遮蔽措施不完善的情况未能及时纠正。

102 不按规定使用工作票进行工作。

2013 年 3 月 7 日，某供电公司对用户自建 10 千伏配电室业扩项目竣工进行验收时，高压进线柜前后柜门均为打开状态，手车开关在试验位置，下柜电压互感器手车未推入开关柜。工作人员在未确认无电且未采取安全措施的情况下，擅自进入打开状态的 10 千伏进线开关柜核查二次接线，因与带电设备安全距离不足，线路电压互感器高压侧对其头部及双手放电，造成 1 人触电死亡。

师说

（1）业扩工程验收管理粗放，对没有通过验收的设备进行接火，对已接火的设备没有视为"运行中设备"。

（2）参与人员安全意识淡薄，不勘查现场、不执行工作票制度、不进行安全交底、不落实"停电、验电、挂接地线"等基本安全技术措施。

103

工作负责人在工作票所列安全措施未全部实施前允许工作人员作业。

2015 年 3 月 18 日，某供电公司在进行 110 千伏母线故障抢修过程中，一名工作人员误入邻近的开关柜柜内后，故障检查时，手车被拉出开关仓，且触头挡板被打开，柜门掩合，检查结束后未及时恢复；线路对端未停电，开关柜线路侧出线带电，导致该工作人员触电灼伤。

师说

（1）工作人员自我防护意识不强，没有认真核对设备名称、编号就打开柜门进行工作，导致误入带电间隔。

（2）工作许可人在本次工作许可前未再次核对检查设备，未及时发现邻近开关已被拉出，误认为设备维持原有冷备用状态，安全措施不完备。

（3）现场工作负责人没有认真履行监护职责，现场到岗到位管理人员未认真履行到位监督职责，未能掌控现场的关键危险点。

104 专责监护人不认真履行监护职责。

2015 年 3 月 23 日，某供电公司在进行开关和电流互感器例行试验，工作人员在柜后做准备工作时，误将开关后柜上柜门母线桥小室盖板打开（小室内部有未停电的 10 千伏母线），触及带电设备造成 1 人死亡。

师说

（1）作业人员未经工作负责人允许，擅自打开邻近开关后柜上柜门母线桥小室盖板，作业行为随意。

（2）危险点辨识不全面，作业人员对 10 千伏进线开关柜内母线布置方式不清楚，采取的措施缺乏针对性。

（3）工作负责人未能正确、安全地组织工作，未能有效履行现场安全监护和管控责任。

105 未按规定使用绝缘鞋、绝缘手套、绝缘垫。

2018 年 5 月 20 日，某变电公司负责对两条 220 千伏线路进行线路参数测试。试验人员在线路未接地时，直接拆除测试装置端试验引线，且未按规定使用绝缘鞋、绝缘手套、绝缘垫。线路感应电压通过试验引线经人体与大地形成通路，工作负责人未采取防护措施盲目施救，导致 2 人触电死亡。

师说

（1）测试工作人员未按规定使用绝缘鞋、绝缘手套、绝缘垫，且在被测线路 220 千伏线路两端未接地的情况下变更接线，直接拆除测试装置的试验引线，线路感应电通过试验引线经身体与大地形成通路，导致触电。

（2）工作负责人未及时制止测试作业人员的违章冒险作业行为。

（3）工作负责人盲目施救，在没有采取任何防护措施的情况下，对触电中的试验人员进行身体接触施救。

106 违反电容器检修规定。

2019 年 7 月 18 日，某电业局进行电容器修试工作。在电容器进行放电过程中，工作班成员触碰未经充分放电的电容器，引起人身触电，经抢救无效死亡。

师说

（1）作业人员在电容器没有逐相充分放电并接地的情况下就开始作业，违反了"电容器检修前不放电、不接地，电缆试验后不充分放电"的规定。

（2）监护人没有及时发现并制止作业人员的违章行为。

107 电容器检修前未充分放电并接地。

　　2019 年 7 月 25 日，某供电局检修班王某完成故障电压互感器穿柜绝缘套管更换工作后，发现电压互感器柜内挡板卡涩，于是走至相邻带电的开关柜前，并弯腰进入柜体内，随后触电死亡。

师说

　　（1）工作负责人没有严格履行监护职责，没有及时制止作业人员违章。

　　（2）电容器检修前未充分放电并接地。

　　（3）现场其他人员没有及时发现并制止王某的违章行为。

108 作业人员擅自扩大工作范围、工作内容。

2019 年 7 月 30 日，工作负责人李某带领 7 名工作人员进行 10 千伏线路两杆间工作。施工单位联络人韩某命令工作班成员孙某对该线路南线正在施工的两杆之外的另一电杆进行故障指示器加装工作（该项工作不在当日计划内）。孙某带领另一名工作登杆，引起触电摔落，经抢救无效死亡。

师说

（1）施工单位联络人盲目指挥，让作业人员在工作票范围外作业。

（2）没有严格执行工作票制度，现场未布置安全措施，作业范围超出安全措施接地保护的范围。

（3）作业人员不了解工作范围，没有拒绝强令冒险作业、超范围作业的指挥。

109 违反"超出作业范围未经审批的不干"规定。

2019 年 8 月 1 日，某供电局配网抢修人员在处理变压器高压跌落熔断器熔丝熔断过程中，周某发现变压器高压侧避雷器接地引下线松脱，私自进行工作，引起触电，经医护人员抢救无效死亡。

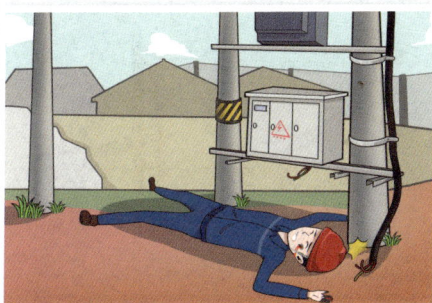

师说

（1）安全意识不够，擅自增加工作内容、扩大工作范围，违反"超出作业范围未经审批的不干"的规定。

（2）现场安全措施执行不到位。现场查看 B 相避雷器接地引下线松脱缺陷过程中，未履行停电、验电、装设接地线等一系列技术措施。

110 高处作业不按规定搭设或使用脚手架。

2019 年 8 月 15 日，某公司实施 110 千伏变电站 10 千伏开关室外墙粉刷工作，两条相关 10 千伏线路按计划停运，邻近的一条 10 千伏线路在运行中。在工作过程中，工作班成员在移动脚手架过程中，误碰运行中的 10 千伏线路，造成两人触电，其中一人经抢救无效死亡，另一人轻伤。

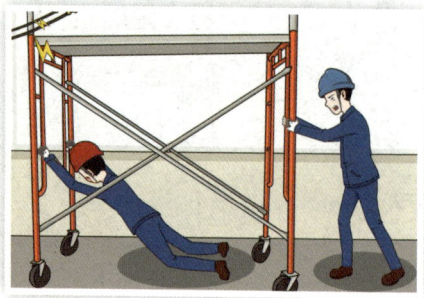

师说

（1）施工人员安全意识淡薄，对作业现场存在的风险点辨识不清，在未采取任何安全措施的情况下盲目移动脚手架，导致脚手架与正在运行中的 10 千伏线路安全距离不足，引发触电事故。

（2）现场安全措施布置不足，未对作业现场带电设备与检修设备悬挂警示标识，未布置隔离措施。

（3）风险辨识不到位，未针对 10 千伏运行线路未停电的情况，制定针对性防控措施。

（4）工作票许可人现场安全交底针对性不强，安全风险告知不全，运行区域安全监护不到位。

（5）工作负责人未按照安全协议履行安全管理职责、未履行现场安全监护责任，作业现场安全秩序失控，没有及时制止工作人员在工作过程中的明显违章行为。

111 未按规定使用安全工器具。

2014 年 10 月 13 日上午，某公司员工培训期间，学员李某在进行登杆训练时，因脚扣意外脱落，下坠过程中背部安全防坠器速差动作，安全带相对身体上提，导致胸前锁固横带猛烈冲击下颌，引起颈椎骨错位，现场紧急施救和医院急救无效死亡。

师说

（1）现场使用防护用具背带、脚扣等未进行充分检查，使用不合格的安全工器具。

（2）新员工安全教育不到位，安全意识淡薄。

（3）新员工登杆实训中，对分项操作步骤、安全要领、可能突发情况及其应对措施交底不够彻底，没有正确使用安全带。

（4）培训实际作业和操作现场全过程监护不到位。

112 违反"超出作业范围未经审批的不干"规定。

2015年5月3日，某分包承建单位，在未经某送变电工程公司施工项目部批准的情况下，擅自更改施工计划，进入计划外的杆塔现场，未严格按照施工方案规定工序组立抱杆，防倾倒临时拉线技术措施不完善，抱杆倾倒造成3人死亡。

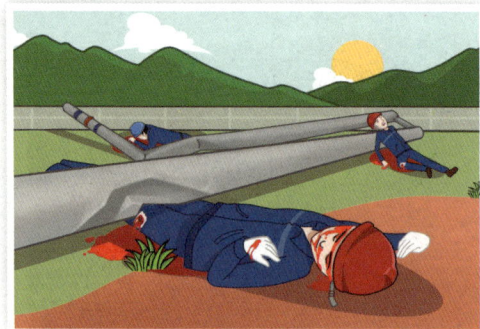

师说

（1）业务外包安全管控缺失，施工项目部未进行分包队伍的施工间断、转移等过程管控。

（2）施工方案技术措施的编审批、变更程序和现场执行不规范，现场未严格落实到岗、到位，未做到作业安全管控标准化。

（3）业务外包人员安全意识淡薄，擅自变更作业计划，随意变更施工技术措施，工作随意性大，违反"超出作业范围未经审批的不干"的规定。

113 未按规定使用安全工器具。

2016年9月2日上午，某检修公司在330千伏变电站开展带电检测工作时，一名检测人员在构架上移位时解开安全带，发生高空坠落，经医院抢救无效死亡。

师说

（1）高处作业人员在构架横梁上横向移位过程中，未使用安全带和安全绳措施，失去基本人身安全防护，发生高处坠落。

（2）现场安全监护不到位，对高处作业人员在转移作业位置时不使用安全带、安全绳的严重违章行为没有及时发现并制止。

114 **违反"杆塔根部、基础和拉线不牢固的不干"规定。**

2017 年 5 月 14 日，某送变电公司承建的 110 千伏输电工程中，立铁塔时使用与地脚螺栓不匹配的螺母，紧固力不足。在铁塔进行光缆紧线施工时，铁塔因受潮向内角的水平力产生上拔造成铁塔整体倒塌，导致 4 人随塔坠落死亡。

师说

（1）铁塔基础地脚螺栓未安装紧固到位、地脚螺栓与螺母不匹配，受力不足，违反"杆塔根部、基础和拉线不牢固的不干"的规定。

（2）铁塔组立后未开展各级检查验收，未及时发现杆塔地脚螺栓螺母型号不匹配等安全隐患。

（3）建设、监理和施工单位安全责任制不落实，业务外包安全管控缺失，分包队伍和人员资质审查不严格，"以包代管"问题突出。

115 违反"杆塔根部、基础和拉线不牢固的不干"规定。

2017年10月28日，某建设集团施工项目部，组织两名作业人员登杆开展400伏线路新立电杆横担金具安装时，新立电杆未安装卡盘、底盘和临时拉线，回填土未夯实，导致电杆倾倒，造成2人随杆坠落死亡。

师说

（1）工作人员攀登基础不牢固的电杆，电杆倾倒致人死亡，违反"十不干"中"杆塔根部、基础和拉线不牢固的不干"的规定。

（2）业主和监理项目部对施工队伍把关不严，对施工队伍管理、教育不到位。

116 从事高处作业未按规定正确使用安全带等高处防坠用品或装置。

2018 年 6 月 11 日，某电力实业集团的 4 名劳务人员，在建设管理及施工单位未安排工作的情况下，私自上山清理物料，返回驻地时私乘运送物料的吊篮，滑索失控吊篮解体，导致 4 人高空坠落死亡。

师说

（1）劳务分包人员安全意识淡薄，违章乘坐不应载人的简易索道，严重违反安全规程。

（2）作业组织管理不到位，施工项目部对分包队伍当日工作状态不掌握，分包人员在没有安排工作计划任务的情况下，私自作业，现场安全失控。

（3）分包管理不到位，未将劳务分包人员纳入本单位从业人员统一管理，对劳务分包人员的安全教育培训不到位，安全管控不力。

117 违反"有限空间内气体含量未经检测或检测不合格的不干"规定。

2019 年 7 月 3 日，某建筑工程有限公司组织施工人员对输电线路工程塔基坑进行基础开挖作业，后因柴油机发生故障，短时间内不能恢复正常作业，2 名工作人员在基坑里窒息死亡。

师说

（1）工作人员违规进入未列入当日施工计划的塔基进行基础作业，违反"超出作业范围未经审批的不干"的规定。

（2）进入塔基基础受限空间作业，违反"有限空间内气体含量未经检测或检测不合格的不干"的规定。

（3）现场安全防范不到位，救援不及时。

（4）对未安排工作计划的施工现场管理缺失，给施工人员私自作业留下机会。

118 未严格执行"操作五制"，监护人员未认真履行监护职责。

2009年3月9日，某供电公司在对110千伏输电线路进行停电更换电流互感器时，操作人对隔离开关断路器侧逐相验电完毕后，在隔离开关处做安全措施时，监护人低头拿接地线协助操作人，操作人误将接地线挂向隔离开关母线侧B相引流，引起母线对地放电，造成母线失压。

师说

（1）未严格执行"操作五制"中"唱票复诵制"，操作前未认真核对设备名称、位置等。

（2）监护人协助操作人操作，未认真履行监护职责，致使操作人失去监护。

119 在带电设备附近进行吊装作业，安全距离不够且未采取有效措施。

2012年6月17日，某供电公司110千伏输电线路，因下方施工吊车触独碰造成保护越级，引起8座110千伏变电站失压，损失负荷约21.4万千瓦。

师说

（1）线路工作人员未及时发现威胁线路安全运行隐患，设备防外破措施未落实。

（2）运行检修人员在日常维护、检修过程中未发现该开关分闸线圈缺陷。

（3）电网运行方式薄弱，110千伏变电站电源未实行分区，造成事故扩大。

120 不按规定使用工作票进行工作。

2014年9月15日，某供电公司220千伏母线停电检修，因工作需要，检修人员改变了停电设备的运行方式，工作完成后未及时恢复；送电人员送电时未核对设备状态，就使用解锁钥匙操作，送电时引起母线失压。

师说

（1）"两票三制"执行不到位，运维人员应检修人员要求变更了检修设备运行接线方式，但变更情况未按要求记录在值班日志内，工作结束后未及时恢复现场安全措施。

（2）现场工作完成后，在未将相关设备恢复到开工前状态的情况下，运维人员和检修人员就办理了工作终结手续。

（3）设备送电前，未按调度指令要求对设备运行方式进行全面检查。

（4）防误操作管理不严格，擅自解除五防闭锁、电气连锁进行操作。

121 开始工作前不明确工作范围和带电部位，安全措施不交代或者交代不清，盲目开工。

2014 年 12 月 21 日，某送变电公司更换 500 千伏开闭站 TA 后，对该 TA 进行试验时，因 TA 二次绕组与母差保护间连接片未断开，导致测试电流进入母差回路，引起母差误动作。

师说

（1）工作前并未对现场设备进行核对是否满足工作要求。

（2）工作人员技术水平不足，不了解工作对设备的影响。

（3）运行人员操作时，并未按照检修要求进行设备状态的调整（二次保护连接片投退）。

122 违返高处作业相关安全规定。

2015 年 3 月 17 日，某电力公司 750 千伏变电站 220 千伏 Ⅲ 母停电检修中，工作人员不听从监护人员制止，擅自抛掷个人保安线，引起运行中 Ⅳ 母 A 相故障，母差保护动作，220 千伏 Ⅳ 母失压，造成一座 220 千伏变电站失压，一座 220 千伏变电站和某自备电厂与系统解列，损失负荷 6.7 万千瓦。

师说

（1）属于典型的习惯性违章，为了工作方便进行违规作业，直接抛掷个人保安线。

（2）作业人员技术水平不足，安全意识不到位。

（3）工作负责人（监护人）监护不到位，没有强行制止违章行为。

123 违反"先验电，后接地"规定，擅自解锁进行倒闸操作。

2018 年 11 月，某检修公司在进行 500 千伏 2 号母线运行转检修操作过程中，变电站运维人员走错间隔、擅自解锁、带电合 500 千伏 1 号母线接地开关，导致 1 号母线差动保护动作跳闸，跳开 500 千伏 5011、5021、5051、5061 断路器，造成 500 千伏蒲咸 II 回线及其所带的某电厂 4 号机（1×100 万千瓦）停运。

师说

（1）不按照规章程序操作。变电站运维人员严重违反《安规》要求，在做安全措施前，没有执行"先验电，后接地"的操作。

（2）现场作业严重违章。变电站运维人员严重违反"两票三制"要求，工作随意，擅自违规倒闸操作，误入间隔，误合运行母线接地开关，严重违章作业。

（3）防误操作管理混乱。防误装置密码管理不严格，安装调试后未及时清理密码，擅自解除闭锁装置，使用不合格的安全工器具作业，防误操作装置存在重大安全隐患。

124 易燃易爆区、重点防火区的防火设施不全或不符合规定要求。

2016 年 6 月 18 日，某供电公司 35 千伏输电线路电缆中间头爆裂，引起沟内可燃气体闪爆。同时 330 千伏南郊变电站（110 千伏韦曲变电站）站用交直流电源同时失压，全站保护及操作电源失效，保护无法动作造成故障越级，延时切除故障引起主变压器烧损，造成 1 座 330 千伏变电站及 8 座 110 千伏变电站失压，共计损失负荷 24.3 万千瓦。

（1）电缆中间头爆炸，同时沟道内存在可燃气体，引发闪爆，暴露出电缆安全管理存在漏洞，隐患排查不彻底。

（2）由于 330 千伏南郊变电站（110 千伏韦曲变电站）站外 35 千伏韦里Ⅲ线故障，韦曲变压器 35 千伏、10 千伏母线电压降低，1、2、0 号站用变压器低压侧脱扣跳闸，站用交流失压，暴露出站用低压系统管理不够细致。

师说

125　未按要求制定拆模作业管理控制措施，对拆模工序管理失控。

2016 年 11 月 24 日，某电厂三期在建项目冷却塔施工平台发生倒塌事故，造成 74 人死亡、2 人受伤，直接经济损失 10197.2 万元。

师说

（1）现场安全监督不到位，没有按照正确步骤施工。

（2）施工现场管理混乱，未按要求制定拆模作业管理控制措施，对拆模工序管理失控。

（3）盲目施工，在混凝土未完全凝固的情况下，拆除辅助部件，导致未完全凝固的混凝土无法承受上部负荷。

126 违反危险品存放相关规定。

2015 年 8 月 12 日，某公司危险品仓库发生火灾爆炸事故，造成 165 人遇难、8 人失踪，798 人受伤，304 幢建筑物、12428 辆汽车、7533 个集装箱受损。

师说

（1）危险品存储不当。涉事公司危险品仓库内硝化棉由于湿润剂散失、局部干燥，高温（天气）等因素的作用下加速分解放热，积热自燃。

（2）隔离设施不当。相邻集装箱内的硝化棉和其他危险化学品长时间大面积燃烧，导致堆放于运抵区的硝酸铵等危险化学品发生爆炸。

127 开好班前会。

班前会会议记录

师说

　　每日工作前召开班前会，由班长（工作负责人）布置工作任务，交代安全注意事项，并利用图板进行讲解，分析工作中的危险点，讨论现场需要补充的安全措施。总结上次工作情况和存在的问题。班组成员要明晰工作内容及安全注意事项，明确任务分工及技术要求标准，共同解决技术难题。

128 办理好工作票。

师说

　　根据现场作业类型，严格按照工作票操作标准办理工作票。所有工作人员到施工地点做好作业前准备后，工作票负责人组织所有工作班成员列队，宣读工作票。宣读时要声音洪亮、内容详实，与工作班成员互动解答疑问，并用工作记录仪记录，工作班组成员逐个签名确认。工作结束后，按要求终结工作票，做好总结。工作票整理归档，备查一年。

129 配备好工器具。

输电专业工器具

变电专业工器具

带电作业工器具

师说

作业现场应使用合格的安全工器具，使用前应检查其完好性，并确保所有工具均在试验周期内，安全工器具要配备齐全、正确，以确保人身安全。

130 制定流程单。

师说

　　每项工作任务须制定流程单，流程单是对作业现场整体流程进行标准化管理的一张清单。流程单内容包括：任务来源、任务下发、现场勘察、工器具及车辆准备、工作票办理、施工方案直至最后的工作终结等各个环节的工作内容。流程单内容要确保正确、准确。

131 制定作业书。

师说

配网作业时，工作票签发人或工作负责人认为有必要现场勘察记录的，施工单位应根据工作任务组织现场勘察，并填写现场勘察记录。作业书和施工方案应根据现场勘察记录填写，作业书应包含作业内容、危险点分析及预防措施、执行人、验收人，施工方案应包含组织措施、技术措施、安全措施、文明施工措施、危险点分析及预控措施。

132 穿好标准工作服。

师说

现场工作人员需根据工作需要着标准工作服，穿绝缘鞋，佩戴安全帽、手套。现场作业工作负责人、安全监督人员工作服外穿红色"安全监督马甲"。

133 统一准入证。

师说

　　加大外来施工人员培训及持证作业管理。外来施工人员必须通过具有培训资质的安全机构的培训并取得合格证，随后还要参加安全监察部门组织的进场作业安全培训考试，考试合格后建立外来队伍人员信息库，制作二维码准入证持证进行作业。

134 圈定作业区。

师说

　　工作现场范围内设置立柱式安全围栏或者警示带，并在醒目处放置安全警示标识，安全围栏应将全部工作现场（包括施工车辆）包括在内，防止行人及无关人员进入现场，造成安全事故。

135 用好月度安全自检卡。

师说

　　建立月度安全自检卡，每月进行自查，对各项作业进行安全性评价，包括两票三制执行、安全工器具管理、安全学习培训、现场工作情况、反违章分析、设备巡视消缺等，作为绩效考评的重要依据。安全管控部门对其检查分析，反馈，形成闭环管理模式，建立监督评价机制。

136 佩戴对讲机。

师说

　　为方便工作负责人统一指挥监护，工作班成员之间能够实时联络、互相监督，须为作业现场工作人员配备对讲机，方便沟通，提高工作效率和安全保障。

137 安装布控球。

师说

　　作业现场配备布控球，对作业现场班前会、宣读工作票、接受调度命令、作业全流程等场景进行监控，有效杜绝违章行为。

138 常备验电笔。

师说

　　为切实保障员工人身安全，配电专业现场工作人员作业时，须随身配备验电笔，做到作业前必先验电，提高自我防护能力，全面保障作业人员的人身安全。